R.S.
27/05/23

Chaine de Ponzi, vente pyramidale et multiniveau (MLM)

Principe mathématique

© R.S., 2023

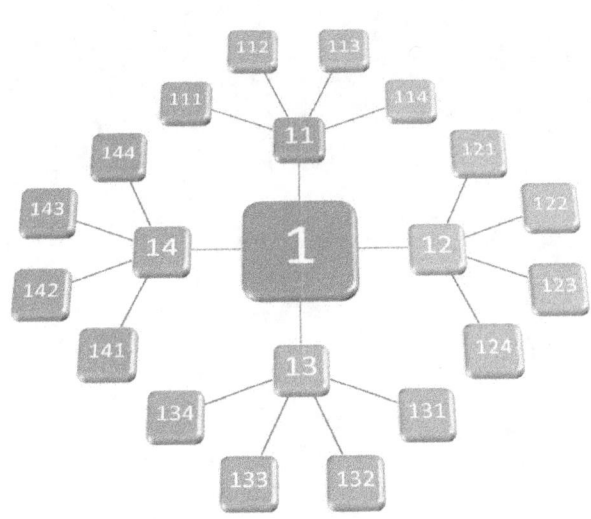

Table des matières

1. Gagner sa vie 6

2. Chaine de Ponzi 7

3. Vente pyramidale 25

4. Vente multiniveau (MLM) 35

5. Conclusion 36

6. Références 37

7. Annexes 38

A Victor et Amélie

"Qui veut gravir une montagne commence par le bas."

Proverbe chinois

"Quand tu arrives en haut de la montagne, continue de grimper."

Proverbe tibétain

© 2023, R.S., Paris, France.

ISBN : 9798395262431

1. Gagner sa vie

Il existe plusieurs manières de gagner sa vie. Nous présentons ici plusieurs stratégies d'enrichissement. Attention, certaines, à but éducatif uniquement, sont des arnaques totalement interdites par la loi. Au-delà des législations en vigueur, c'est l'aspect mathématique et fonctionnement qui est détaillé ici. On s'intéresse notamment aux principes de fonctionnement qui révèlent pourquoi ce sont des arnaques mais aussi pourquoi ont-elles réussi à duper autant d'investisseurs déçus. L'ingéniosité, malgré tout crapuleuse, de ces méthodes ont donné naissance à d'autres modèles légaux, plus affinés et équitables. Nous étudions l'intérêt de ces méthodes autant du côté des investisseurs que des organisateurs. Je vous souhaite une agréable lecture. C'est parti.

2. Chaine de Ponzi

Une chaine de Ponzi permet des gains rapides et records ! La promesse est tellement alléchante que bon nombre de personnes se sont fait avoir. C'est un modèle totalement illégal mais toujours en vigueur en ligne par exemple ou par correspondance. Méfiance donc. Son principe est tellement simple qu'on ne voit pas où est le problème. Or, non seulement il y a un gros problème mais il est catastrophique pour quasiment tous les participants. En clair, à un moment donné, la chaine se brise forcément et cause des dégâts irréversibles. Mais de quoi parle-t-on exactement ?

Charles Ponzi était un Italien immigré aux Etas Unis d'Amérique avec le ferme intention de toucher au rêve américain. Or, sans diplôme, il commence des petits boulots ennuyeux. Il comprend très vite qu'il ne s'enrichira pas avec cela. Il débute alors quelques arnaques qui toutes finissent par échouer. Il lui vient alors une idée originale. Vendre des timbres moins chers en jouant sur les devises des pays. Pour cela, il lui faut de la trésorerie. Il va donc proposer, après un petit calcul, à tous de doubler leur mise en 90 jours. Cela fonctionne dans un premier temps puisqu'il va soit payer ses premiers clients au bout de 90 jours avec l'argent de ses nouveaux clients, soit les convaincre de poursuivre leur investissement. Ce petit jeu fonctionne jusqu'à ce qu'il n'ait plus assez de nouveaux clients pour payer les clients partants. Ponzi savait parler à son auditoire et réussi à maintenir son stratagème suffisamment longtemps pour s'enrichir considérablement et incroyablement vite. Les gens faisaient la queue pour devenir son client et doubler sa mise en 90 jours. Le bouche à oreille fonctionnait si bien que sa trésorerie les premiers mois était largement suffisante pour payer tous ses clients à 90 jours. Il croyait en son système jusqu'à ce que la réalité le rattrape. Ponzi commença à rembourser sur ses deniers propres. Puis il emprunta à sa propre banque. Enfin, ne pouvant plus honorer ses dettes colossales et exponentielles, il purgea plusieurs peines de prison. Il se fit ensuite expulser des Etats-Unis pour l'Italie. Il partit enfin au Brésil ou il finit ses jours.

Cette histoire vraie permit de découvrir l'ingéniosité et l'arnaque rocambolesque que Ponzi su mettre en place et fructifier pendant un temps. Aujourd'hui, ce modèle est totalement interdit car de prime à bord tout à fait tentant quand on ne s'y intéresse pas de très près. En voici donc son principe. Tout d'abord, on choisit pour simplifier une mise de chaque participant identique à 1 €. Mais cela fonctionne évidemment avec n'importe quelle mise pour chacun des participants. Ensuite, on procède ainsi. Chaque participant prête 1 € à la chaîne de Ponzi qui vous garantit de vous en rendre le double sous 90 jours. Le but de la chaîne est de multiplier les participants le plus vite possible avec cette rentabilité alléchante pour vous payer effectivement le double de votre investissement sous 90 jours avec les investissements des nouveaux participants. Et cela fonctionne jusqu'à un certain point ! En fait, rembourser le double de la somme initiale impose une rentabilité exponentielle. Ainsi, pour ne pas faire tout s'écrouler, il faut trouver des participants exponentiellement. C'est-à-dire ici, à minima doubler tous les 90 jours. Soit par exemple 2 participants, puis 4, puis 8 puis 16 puis 32 puis 64, etc. On dépasse ainsi le million de participants en seulement 21 périodes de 90 jours, soit en 5 ans et 3 mois. Cette progression d'une chaîne de Ponzi est vertigineuse. Puisqu'il faut à minima doubler à chaque période le nombre de participants.

Voici un premier tableau avec un reste quasi nul à chaque période. C'est-à-dire que l'organisateur de la chaîne ne gagne absolument rien. En revanche, on paie bien le double des mises tous les 90 jours. On voit qu'en à peine 21 périodes le million de participants nécessaires pour honorer son rendement est dépassé. La chute est inévitable car en seulement 33 périodes (en 8 ans et 3 mois) on dépasse les 8 milliards et demi de participants à la chaine, soit plus que la population mondiale ! Le modèle n'est donc pas tenable et est voué à l'échec.

Etapes	Nouveaux participants	Total des participants partants aux périodes <t	Total des participants restants	Trésorerie	Payé aux participants partants	Dû aux participants restants	Reste cumulé
t	Pn(t)	Pp(t)	P(t)	T(t)	D(t)	S(t)	G(t)
1	1	0	1	1	0	2	1
2	2	1	2	3	2	4	1
3	4	2	4	5	4	8	1
4	8	4	8	9	8	16	1
5	16	8	16	17	16	32	1
6	32	16	32	33	32	64	1
7	64	32	64	65	64	128	1
8	128	64	128	129	128	256	1
9	256	128	256	257	256	512	1
10	512	256	512	513	512	1 024	1
11	1 024	512	1 024	1 025	1 024	2 048	1
12	2 048	1 024	2 048	2 049	2 048	4 096	1
13	4 096	2 048	4 096	4 097	4 096	8 192	1
14	8 192	4 096	8 192	8 193	8 192	16 384	1
15	16 384	8 192	16 384	16 385	16 384	32 768	1
16	32 768	16 384	32 768	32 769	32 768	65 536	1
17	65 536	32 768	65 536	65 537	65 536	131 072	1
18	131 072	65 536	131 072	131 073	131 072	262 144	1
19	262 144	131 072	262 144	262 145	262 144	524 288	1
20	524 288	262 144	524 288	524 289	524 288	1 048 576	1
21	1 048 576	524 288	1 048 576	1 048 577	1 048 576	2 097 152	1
22	2 097 152	1 048 576	2 097 152	2 097 153	2 097 152	4 194 304	1
23	4 194 304	2 097 152	4 194 304	4 194 305	4 194 304	8 388 608	1

Tableau 1 : rendement x2 et participants tous payés à 90 jours.

Le détail des calculs de ce tableau et des formules mathématiques sont présentés plus loin. En annexe, on a ajouté les colonnes, volontairement masquées ici, des périodes des participants partants en fonction de leurs périodes d'arrivées dans la chaîne. Cela est en effet nécessaire dans le calcul de ce tableau.

Cet exemple n'est pas intéressant pour l'organisateur qui n'y gagne rien. Mais cela illustre bien le principe de fonctionnement. L'avant dernière colonne nous renseigne sur la viabilité et la solidité du modèle. En effet, si on prend la période 21 par exemple, on reverse 1 million aux participants partants mais on devrait également être en capacité à reverser 2 millions aux restants s'ils décidaient tous de quitter la chaîne en même temps. Or, notre trésorerie à cette période n'est que d'1 millions, soit la moitié. Si bien que la capacité de l'organisation à faire face à une demande imminente et massive n'est pas possible. On pourrait prévoir dans ce cas exceptionnel, soit un étalement des versements aux participants partants et/ou la contraction d'un prêt à une banque. Mais la chaine de Ponzi ne vend rien et n'est donc pas solvable vis-à-vis d'un établissement bancaire. Encore un défaut flagrant de ce modèle ingénieux mais crapuleux.

Imaginons maintenant que l'organisateur souhaite prolonger au plus long le moment où tout s'écroule par manque de nouveaux participants suffisants. Plusieurs choix s'offrent alors à lui. Par exemple, on peut diminuer le taux de rentabilité pour payer des dividendes moins grands. On passe par exemple de +100% à +10% tous les 90 jours. C'est un rendement toujours très attrayant, plus réaliste vis-à-vis du marché et des investisseurs les plus prudents.

Voici donc le tableau correspondant à cela :

Etapes	Nouveaux participants	Total des participants partants aux périodes <t	Total des participants restants	Trésorerie	Payé aux participants partants	Dû aux participants restants	Reste cumulé
t	Pn(t)	Pp(t)	P(t)	T(t)	D(t)	S(t)	G(t)
1	1	0	1	1	0	1	1
2	2	1	2	3	1	2	2
3	4	2	4	6	2	4	4
4	8	4	8	12	4	9	7
5	16	8	16	23	9	18	15
6	32	16	32	47	18	35	29
7	64	32	64	93	35	70	58
8	128	64	128	186	70	141	115
9	256	128	256	371	141	282	231
10	512	256	512	743	282	563	461
11	1 024	512	1 024	1 485	563	1 126	922
12	2 048	1 024	2 048	2 970	1 126	2 253	1 843
13	4 096	2 048	4 096	5 939	2 253	4 506	3 687
14	8 192	4 096	8 192	11 879	4 506	9 011	7 373
15	16 384	8 192	16 384	23 757	9 011	18 022	14 746
16	32 768	16 384	32 768	47 514	18 022	36 045	29 491
17	65 536	32 768	65 536	95 027	36 045	72 090	58 983
18	131 072	65 536	131 072	190 055	72 090	144 179	117 965
19	262 144	131 072	262 144	380 109	144 179	288 358	235 930
20	524 288	262 144	524 288	760 218	288 358	576 717	471 859
21	1 048 576	524 288	1 048 576	1 520 435	576 717	1 153 434	943 719
22	2 097 152	1 048 576	2 097 152	3 040 871	1 153 434	2 306 867	1 887 437
23	4 194 304	2 097 152	4 194 304	6 081 741	2 306 867	4 613 734	3 774 874

Tableau 2 : rendement x1,1 et participants tous payés à 90 jours.

Il faut toujours 21 périodes pour dépasser le million de participants nécessaires. On voit bien que baisser le rendement ne résout rien. En revanche, les bénéfices (reste) sont cette fois-ci croissant. On atteint presque 1 million avec 1 million de participants. L'organisateur empoche presque la totalité de tous les versements ! C'est une arnaque colossale. Mais c'est juste un peu de répit avant la chute inévitable.

Changeons de vision. L'organisateur souhaite s'enrichir davantage. Pour cela, il doit faire des bénéfices importants et rapidement puisque la chaine ne peut pas durer longtemps. Reprenons notre premier tableau, celui qui double chaque mise, mais convainquons nos investisseurs qu'il s'agit d'un placement long terme. Ainsi, seul 10% de chaque nouveau participant quitte la chaine chaque année (soit toutes les 4 périodes de 90 jours). Tous les autres participants laissent leurs mises. Cela ne devrait pas être très difficile. Si on vous propose de doubler vos gains en 90 jours, pourquoi retirer le double de votre mise dès ces 90 jours alors que si vous les laissez encore 90 jours, vous aurez gagné quatre fois votre mise initiale et ainsi de suite chaque 90 jours suivants ! C'est même tellement tentant, que se retirer parait idiot. Et Ponzi l'avait tellement bien compris qu'il réussit à convaincre bon nombre de ses « clients » à procéder ainsi. Reprenons donc notre tableau 1 avec seulement 10% des participants qui quittent la chaine toutes les 4 périodes (chaque année).

On obtient alors le tableau suivant :

Etapes	Nouveaux participants	Total des participants partants aux périodes <t	Total des participants restants	Trésorerie	Payé aux participants partants	Dû aux participants restants	Reste cumulé
t	Pn(t)	Pp(t)	P(t)	T(t)	D(t)	S(t)	G(t)
1	1	0	1	1	0	2	1
2	2	0	3	3	0	8	3
3	4	0	7	7	0	24	7
4	8	0	15	15	0	64	15
5	16	1	30	31	16	128	15
6	32	1	61	47	16	288	31
7	64	1	124	95	16	672	79
8	128	1	251	207	16	1 568	191
9	256	2	505	447	32	3 584	415
10	512	4	1 013	927	304	7 584	623
11	1 024	7	2 030	1 647	352	16 512	1 295
12	2 048	14	4 064	3 343	464	36 192	2 879
13	4 096	27	8 133	6 975	912	78 752	6 063
14	8 192	54	16 271	14 255	1 584	170 720	12 671
15	16 384	109	32 546	29 055	7 264	359 680	21 791
16	32 768	219	65 095	54 559	10 704	763 488	43 855
17	65 536	437	130 194	109 391	21 152	1 615 744	88 239
18	131 072	873	260 393	219 311	38 448	3 416 736	180 863
19	262 144	1 747	520 790	443 007	142 432	7 072 896	300 575
20	524 288	3 496	1 041 582	824 863	223 696	14 746 976	601 167
21	1 048 576	6 991	2 083 167	1 649 743	443 296	30 704 512	1 206 447
22	2 097 152	13 980	4 166 339	3 303 599	824 880	63 953 568	2 478 719
23	4 194 304	27 960	8 332 683	6 673 023	1 649 760	132 996 224	5 023 263

Tableau 3 : rendement x2 et 10% des participants quittent la chaîne chaque année (toutes les 4 périodes de 90 jours chacune).

Incroyable ! Toujours en 21 périodes, il faut plus d'un million de participants pour tenir mais l'organisateur fait un gain de plus d'un million ! Cela peut lui permettre de combler une partie du manque de participants à venir et maintenir un peu plus sa chaine avant la chute inévitable. En fait, les gains de l'organisateur sont effectivement colossaux pour un partage entre une ou quelques personnes seulement mais infimes pour soutenir la chaine en cas de manque de candidats supplémentaires à chaque nouvelle période. Rappelez-vous, il faut que ce nombre double à minima. Or, avec 1000 personnes, il faut en moins de 90 jours convaincre 2000 personnes supplémentaires, puis 4000, etc. C'est considérable et très vite impossible.

Essayons comme précédemment dans notre tableau 2 de limiter les gains avec un rendement de +10% de sa mise. On obtient :

Etapes	Nouveaux participants	Total des participants partants aux périodes <t	Total des participants restants	Trésorerie	Payé aux participants partants	Dû aux participants restants	Reste cumulé
t	Pn(t)	Pp(t)	P(t)	T(t)	D(t)	S(t)	G(t)
1	1	0	1	1	0	1	1
2	2	0	3	3	0	3	3
3	4	0	7	7	0	8	7
4	8	0	15	15	0	18	15
5	16	1	30	31	1	36	30
6	32	1	61	62	1	73	60
7	64	1	124	124	1	149	123
8	128	1	251	251	1	303	249
9	256	2	505	505	3	611	502
10	512	4	1 013	1 014	7	1 229	1 008
11	1 024	7	2 030	2 032	11	2 466	2 021
12	2 048	14	4 064	4 069	21	4 942	4 048
13	4 096	27	8 133	8 144	41	9 897	8 103
14	8 192	54	16 271	16 295	81	19 808	16 214
15	16 384	109	32 546	32 598	165	39 630	32 432
16	32 768	219	65 095	65 200	331	79 273	64 869
17	65 536	437	130 194	130 405	660	158 564	129 745
18	131 072	873	260 393	260 817	1 318	317 150	259 499
19	262 144	1 747	520 790	521 643	2 640	634 319	519 003
20	524 288	3 496	1 041 582	1 043 291	5 283	1 268 657	1 038 008
21	1 048 576	6 991	2 083 167	2 086 584	10 562	2 537 338	2 076 022
22	2 097 152	13 980	4 166 339	4 173 174	21 119	5 074 707	4 152 055
23	4 194 304	27 960	8 332 683	8 346 359	42 239	10 149 450	8 304 120

Tableau 4 : rendement x1,1 et 10% des participants quittent la chaîne chaque année (toutes les 4 périodes de 90 jours chacune).

On a toujours 21 périodes pour dépasser un million de participants. En revanche, dans cette période, les gains de l'organisateur doublent et dépassent les 2 millions ! En diminuant les gains des participants, on diminue légèrement le nombre de participants nécessaires au fonctionnement de la chaîne et, l'organisateur s'enrichit beaucoup plus. Baisser le rendement est donc un avantage significatif pour les gains de l'organisateur. Le problème de trésorerie insuffisante est malgré tout toujours bien présent.

Mais alors, comment peut-on à la fois garantir un rendement attrayant pour les participants, ne pas devoir autant de participants supplémentaires à chaque période et obtenir pour l'organisateur un gain régulier et au plus haut ? C'est trois critères, fortement corrélés, sont difficiles à optimiser dans ce modèle de chaîne de Ponzi. Une optimisation possible, mais qui reste une arnaque aux participants, est de procéder ainsi :

- Limiter au maximum le rendement à l'acceptable pour un participant lambda. Soit, par exemple à +10% par an. Cela reste tout à fait attrayant pour chacun ;
- Prolonger de 90 jours à 1 an la période de rentabilité donne deux avantages. Le premier laisse bien entendu plus de temps pour recruter de nouveaux participants. Le second diminue encore davantage la rentabilité puisqu'elle est sur 1 an et non sur 3 mois. Mais attention, cette rentabilité est également diminuée pour les gains de l'organisateur ;
- Faire en sorte qu'un participant sur dix quitte la chaine chaque année. Une rentabilité de 10% par an devrait convaincre bon nombre d'épargnant à laisser son investissement grossir sans effort le plus longtemps possible ;
- Doubler le nombre de participants à chaque période ne semble plus nécessaire car la progression exponentielle est « ralentie » par les mesures précédentes. Il est donc plus simple de maintenir la chaine viable côté organisateur une plus longue période sans s'imposer l'impossible règle du doublement des nouveaux participants à chaque période. Cela devient presque réaliste commercialement ;
- Si besoin (pas assez de nouveaux participants), renflouer sa trésorerie, pour payer les gains des participants sortants, avec une partie de ses propres gains si l'horizon de la chute de toute la chaine est encore estimé à assez loin.

Voici deux nouveaux tableaux où l'on a appliqué ces choix (sauf le dernier pour visualiser ses pertes éventuelles). On obtient alors :

Etapes	Nouveaux participants	Total des participants partants aux périodes <t	Total des participants restants	Trésorerie	Payé aux participants partants	Dû aux participants restants	Reste cumulé
t	Pn(t)	Pp(t)	P(t)	T(t)	D(t)	S(t)	G(t)
1	10	0	10	10	0	20	1
2	15	0	25	16	0	70	16
3	22	0	47	38	0	184	38
4	33	0	80	71	0	434	71
5	49	1	128	120	16	934	104
6	73	1	200	177	16	1 982	161
7	109	2	307	270	32	4 118	238
8	163	3	467	401	48	8 466	353
9	244	6	705	597	336	16 748	261
10	366	9	1 062	627	624	32 980	3
11	549	13	1 598	552	688	65 682	-136
12	823	19	2 402	687	1 024	130 962	-337
13	1 234	30	3 606	897	5 760	252 872	-4 863
14	1 851	45	5 412	-3 012	6 480	496 486	-9 492
15	2 776	68	8 120	-6 716	11 888	974 748	-18 604
16	4 164	101	12 183	-14 440	17 696	1 922 432	-32 136
17	6 246	153	18 276	-25 890	94 128	3 669 100	-120 018
18	9 369	231	27 414	-110 649	172 176	7 012 586	-282 825
19	14 053	346	41 121	-268 772	194 656	13 663 966	-463 428
20	21 079	517	61 683	-442 349	289 792	26 790 506	-732 141
21	31 618	779	92 522	-700 523	1 520 144	50 603 960	-2 220 667
22	47 427	1 166	138 783	-2 173 240	1 717 136	97 868 502	-3 890 376
23	71 140	1 751	208 172	-3 819 236	3 136 976	189 605 332	-6 956 212

Tableau 5 : rendement x2 et 10% des participants quittent la chaîne chaque année (toutes les 4 périodes de 90 jours chacune) et le nombre de participants à chaque période ne double pas.

On distingue bien les conséquences de notre stratégie. On peut maintenant un peu moins que doubler le nombre de participants chaque année. Cela parait plus raisonnable, du moins les premières années. Mais à la 11ième année, la chaine s'écroule et l'organisateur ne peut plus honorer ses promesses devenues des dettes insurmontables. Changeons le taux de rentabilité pour améliorer notre équilibre :

Etapes	Nouveaux participants	Total des participants partants aux périodes <t	Total des participants restants	Trésorerie	Payé aux participants partants	Dû aux participants restants	Reste cumulé
t	Pn(t)	Pp(t)	P(t)	T(t)	D(t)	S(t)	G(t)
1	10	0	10	10	0	11	1
2	15	0	25	16	0	29	16
3	22	0	47	38	0	56	38
4	33	0	80	71	0	98	71
5	49	1	128	120	1	160	119
6	73	1	200	192	1	254	190
7	109	2	307	299	3	396	296
8	163	3	467	459	4	610	455
9	244	6	705	699	9	929	689
10	366	9	1 062	1 055	15	1 409	1 041
11	549	13	1 598	1 590	20	2 131	1 569
12	823	19	2 402	2 392	30	3 217	2 363
13	1 234	30	3 606	3 597	49	4 842	3 548
14	1 851	45	5 412	5 399	72	7 283	5 326
15	2 776	68	8 120	8 102	110	10 943	7 992
16	4 164	101	12 183	12 156	164	16 438	11 992
17	6 246	153	18 276	18 238	252	24 675	17 986
18	9 369	231	27 414	27 355	381	37 029	26 974
19	14 053	346	41 121	41 027	569	55 565	40 458
20	21 079	517	61 683	61 537	849	83 375	60 688
21	31 618	779	92 522	92 306	1 287	125 077	91 020
22	47 427	1 166	138 783	138 447	1 920	187 642	136 526
23	71 140	1 751	208 172	207 666	2 890	281 481	204 777

Tableau 6 : rendement x1,1 et 10% des participants quittent la chaîne chaque année (toutes les 4 périodes de 90 jours chacune) et le nombre de participants à chaque période ne double pas.

Avec « seulement » 71 milles participants en 23 ans, on accumule des bénéfices de plus de 204 milles ! La progression est, comme prévu, plus lente tout comme le nombre de participants nécessaires. Ce modèle parait donc raisonnable. De plus, on a demandé 1 € d'investissement pour chaque participant. Imaginez que le ticket d'entrer pour 10% de rentabilité garantie chaque année, quelle que soit la conjoncture financière des marchés, soit plutôt de 1000 €. Les bénéfices montent alors à 204 millions pour autant de participants ! Vous rendez-vous compte ce qu'un modèle exponentiel peut rapporter en théorie ! C'est tellement vertigineux que cela parait impossible. Et pourtant sur le principe c'est tout à fait réalisable avec un bon nombre de participants. En revanche, impossible de maintenir la chaine bien longtemps même dans notre dernier cas. On comprend mieux pourquoi ce type de montage financier donne des idées à des gens mal intentionnés et prêt à s'enrichir coute que coute sur le dos d'investisseurs peu informés.

Du coup, la chaîne de Ponzi est effectivement une arnaque qu'on ne peut étoffer pour fonctionner à la limite et indéfiniment. C'est impossible et surtout ne vous engagez pas dans ce type d'offre trompeuse. L'idée est suffisamment intéressante pour l'étudier mais ne tenter jamais quelque chose de ce genre. C'est voué à l'échec pour les participants avides d'argent facile et la prison pour tous ses organisateurs.

~

Mathématiquement, la chaine de Ponzi peut se formaliser ainsi, avec :

$$
\begin{cases}
t = p\acute{e}riode\ temporelle\ (t \geq 1) \\
m = montant\ (identique)\ investi\ par\ participant\ (m > 0) \\
r = taux\ de\ rentabilit\acute{e}\ (r > 1) \\
G(t) = Gain\ \grave{a}\ l'instant\ t \\
T(t) = Tr\acute{e}sorerie\ (ou\ caisse\ ou\ liquidit\acute{e})\ avant\ paiement\ des\ dividendes \\
D(t) = Dividende\ pay\acute{e}\ aux\ participants\ partants \\
S(t) = montant\ futur\ d\hat{u}\ aux\ participants\ restants \\
P(t) = Nombre\ de\ participants\ restants \\
P_n(t) = Nombre\ de\ nouveaux\ participants \\
P_p(t, v) = Nombre\ de\ participants\ partants\ \grave{a}\ l'instant\ t\ et\ arriv\acute{e}s\ \grave{a}\ l'instant\ v < t
\end{cases}
\tag{1}
$$

On a alors les relations suivantes :

$$
\begin{cases}
P(t) = P(t-1) + P_n(t) - \displaystyle\sum_{k=1}^{t-1} P_p(t, t-k) \\[2mm]
T(t) = mP_n(t) + G(t-1) \\[2mm]
D(t) = m \displaystyle\sum_{k=1}^{t-1} r^k P_p(t, t-k) \\[2mm]
G(t) = T(t) - D(t) \\[2mm]
S(t) = m \displaystyle\sum_{k=1}^{t-1} r^k \left(P_n(t-k) - \sum_{v=1}^{t} P_p(v, t-k) \right)
\end{cases}
\tag{2}
$$

C'est-à-dire que :

- Le nombre de participants vaut le nombre de participants de la période précédente en ajoutant les nouveaux et en retranchant tous les partants à payer à l'instant t quelle que soient leurs périodes d'arrivées ;
- La trésorerie est constituée des gains de la période précédente ajouté du montant global des nouveaux participants ;
- Les dividendes représentent la somme à payer à tous les participants partants à l'instant t du montant initial multiplié par le taux de rentabilité défini initialement élevé à la puissance du nombre de périodes restées dans la chaine ;

- Les gains engendrés sont constitués de la trésorerie courante défalquée des dividendes payés aux participants sortants ;
- Le montant dû à tous les participants restants à l'instant t, s'ils partaient instantanément en même temps, est composé du nombre de participants restants (tous les nouveaux des périodes précédentes moins tous les partants arrivés à la même période et partis avant ou à l'instant t) multiplié par le montant initial investi et du taux de rentabilité élevé à la puissance du nombre de périodes restées dans la chaine.

Or, on obtient par itération des équations précédentes :

$$
\begin{cases}
P(t) = \sum_{k=1}^{t} \left(P_n(k) - \sum_{v=1}^{k-1} P_p(k,v) \right) \\[2mm]
T(t) = mP_n(t) + G(t-1) \\[2mm]
D(t) = m \sum_{k=1}^{t-1} r^{t-k} P_p(t,k) \\[2mm]
G(t) = \sum_{k=1}^{t} \left(mP_n(k) - D(k) \right) = m \sum_{k=1}^{t} \left(P_n(k) - \sum_{v=1}^{k-1} r^{k-v} P_p(k,v) \right) \\[2mm]
S(t) = m \sum_{k=1}^{t-1} r^k \left(P_n(t-k) - \sum_{v=1}^{t} P_p(v,t-k) \right) = m \sum_{k=1}^{t-1} r^{t-k} \left(P_n(k) - \sum_{v=1}^{t} P_p(v,k) \right)
\end{cases}
\tag{3}
$$

Nous avons ici consolidé tous les ingrédients mathématiques nécessaires pour bien comprendre la chaine de Ponzi.

Pour que la chaine tienne, il faut que les dividendes versés soient inférieurs à la trésorerie. Si cela n'est pas le cas, il reste encore une issue. Si les gains restants avec la trésorerie comblent les dividendes à verser cela peut encore tenir mais avec moins de bénéfices. Or, les dividendes à verser croissent exponentiellement avec le facteur r^k dans $D(t)$ et les gains décroissent avec le même taux exponentiel. Cela implique de recruter de nouveaux participants également de manière exponentielle. Un taux de $r = 2$ (+200% = *double à chaque période*) est ainsi très vite intenable. Mais un taux de $r = 1,1$ (+110% à *chaque période*) l'est tout autant même si la croissance est à peine plus lente. Soit, pour une comptabilité saine, il faudrait que :

$$T(t) \geq D(t) + S(t) \qquad (4)$$

D'où :

$$P_n(t) \geq \sum_{k=1}^{t-1} \left(\underbrace{(r^{t-k} - 1)P_n(k)}_{(1)} - \underbrace{r^{t-k} \sum_{v=1}^{t-1} P_p(v, k)}_{(2)} + \underbrace{\sum_{v=1}^{k-1} r^{k-v} P_p(k, v)}_{(3)} \right) \qquad (5)$$

Or :

$$(2) = (3) \rightarrow \sum_{k=1}^{t-1} \left((3) - (2) \right) = 0$$

Et :

$$P_n(t) < \sum_{k=1}^{t-1} (1) = \textit{Nouveaux participants pour une période} > 0 \; et < t$$

La trésorerie n'est jamais suffisante pour honorer tous les participants. La chaine se maintient néanmoins si les participants restent longtemps dans la chaine sans réclamer leurs dividendes. Dans ce cas, la trésorerie sera suffisante pour maintenir la chaine mais $S(t)$ augmentera exponentiellement montrant le risque gigantesque et irrévocable de banqueroute inévitable à venir.

Ainsi, plus le taux de rendement est important, plus il faut recruter de nouveaux participants pour avoir un gain croissant, indépendamment du montant d'investissement par participant. C'est tout à fait normal puisque plus le taux de rendement est grand, plus les dividendes à verser sont hauts et le reste pour l'organisateur est faible. De plus, il faut une trésorerie solide pour faire face au départ possible de tous les participants à une même période donnée.

A moins de trouver un grand nombre de nouveaux participants à chaque période, il est très difficile de tirer un bénéfice suffisant pour honorer sa promesse auprès de tous les participants si ces derniers décidaient ensemble de quitter la chaine de

Ponzi. Si bien que la trésorerie est très vite insuffisante, mettant à risque la chaine tout entière.

On note également que la durée de survie d'un tel modèle est totalement indépendante du montant initial investi par chaque participant. Ce qui veut dire que si vous savez que votre chaine tiendra par exemple 10 périodes, que chaque participant investit 1 € ou 1000 € ne changera pas cette limite. En revanche, cela augmentera d'un facteur 1000 vos gains avant la chute ! Cela n'est donc pas négligeable selon la capacité d'investissement de vos participants.

Enfin, voyons le cas où on s'intéresse uniquement à la survie au jour le jour de la chaine en ne regardant que si la trésorerie est suffisante pour payer les dividendes des participants partants à chaque période. Il suffit alors de maintenir l'inégalité suivante :

$$T(t) \geq D(t) \tag{6}$$

D'où :

$$\sum_{k=1}^{t} P_n(k) \quad \geq \quad \sum_{k=1}^{t-1} r^{t-k} P_p(t,k) \quad + \quad \sum_{k=1}^{t-1} \sum_{v=1}^{k-1} r^{k-v} P_p(k,v) \tag{7}$$

Nombre cumulé de nouveaux participants depuis la création de la chaîne jusqu'à l'instant t	*Nombre de participants partants à l'instant t et entrés à n'importe quelle période <t multiplié par le rendement r élevé à la puissance de l'écart entre la période d'entrée et t*	*Nombre de participants partants pour toutes les périodes <t et entrés à n'importe quelle période inférieure multiplié par le rendement r élevé à la puissance de l'écart entre la période d'entrée et k−1*

Cette inégalité est déjà problématique est difficile à maintenir de période en période. Car, pour la période t, le nombre de participants partants ne peut pas être supérieur aux nombres de nouveaux participants depuis le début de la chaîne. En revanche, en multipliant par le taux de rendement élevé à la puissance de l'écart entre la période courante et celle d'entrée des participants, le nombre de participants partants est ainsi très probablement supérieur aux nombres de participants entrés depuis la création de la chaine.

On a donc :

$$\underbrace{\sum_{k=1}^{t-1} r^{t-k} P_p(t,k)}_{\text{Très probable selon } r} > \sum_{k=1}^{t} P_n(k) \ge \sum_{k=1}^{t-1} P_p(t,k) \tag{8}$$

Il faudrait garantir une rentabilité r très faible à tous les nouveaux participants entrants pour tenir cette chaine. Mais il y a encore le dernier terme à droite à traiter dans l'inégalité précédente. Celui-ci est encore plus grand puisqu'il englobe tous les départs à chaque période inférieure à t. Il est donc peu probable après quelques périodes d'avoir suffisamment de trésorerie pour à minima payer les dividendes réclamés par les participants partants. Seul moyen, avoir très très peu de participants partants à chaque période, augmentant pas la même occasion le risque de banqueroute exponentiellement ! On est loin d'une gestion de père de famille...

Cela fait penser au bien connu programme de fidélisation des compagnies aériennes où vous accumuler des miles. Si tous les clients fidèles dépensaient tous leurs miles en même temps, ses compagnies seraient ruinées par leurs charges de fonctionnement et par manque de trésorerie. Ce n'est pas une chaine de Ponzi mais la chute serait équivalente. En pratique, ces compagnies ont des assurances pour faire face à ce genre de cas peu probable qui nécessiterait un prêt bancaire ponctuel qui leurs serait facilement accordé à la vue de l'activité rentable d'une compagnie aérienne respectable, bien gérée et avec des clients récurrents.

Cette modélisation mathématique simple démontre la fragilité d'une chaine de Ponzi. Mais il existe d'autres modèles qui, en guise d'introduction, valent le coup de connaître préalablement la chaine de Ponzi. Poursuivons donc.

3. Vente pyramidale

La vente pyramidale est interdite en France. Elle fonctionne un peu comme la chaine de Ponzi mais a l'avantage d'être fiable. C'est-à-dire que la pyramide ne s'effondre pas contrairement à une chaine de Ponzi qui est vouée à sa perte tôt ou tard. C'est donc un avantage indéniable. Mais alors pourquoi cela est illégal ? Parce que, comme on va le voir, les gains ne sont pas partagés équitablement. Ils profitent aux personnes au sommet de la pyramide. Plus on s'éloigne de ce sommet, plus nos efforts sont peu récompensés et profites aux autres. Ceux au-dessus de nous dans la pyramide. Cela ne vous rappelle rien ? Oui, on pourrait confondre ce modèle à toute entreprise du domaine public ou privée avec quelques différences qui rendent les uns légaux et les autres illégaux. Les nuances sont importantes.

Tout d'abord, la définition dans le dictionnaire Larousse nous apprend que la vente pyramidale est un : « Système, vente pyramidaux, technique de vente fondée sur le recrutement, parrainé en cascade, de vendeurs dont la rémunération est liée aux commandes réalisées par les nouveaux vendeurs qu'ils ont eux-mêmes recrutés. (Cette pratique est interdite en France.) ». Et dans le dictionnaire Le Robert, nous lisons : « Vente pyramidale : système dans lequel les vendeurs recrutent d'autres vendeurs qui doivent leur verser une commission. La vente pyramidale est interdite en France. »

Cela dit, voyons maintenant en détail le principe de fonctionnement de cette pyramide aux milles vertus.

On pose préalablement :

$$\left\{ \begin{array}{c} n = nombre\ total\ de\ niveaux\ de\ la\ pyramide \\ i = num\acute{e}ro\ du\ niveau\ (ou\ profondeur)\ de\ la\ pyramide \\ j = Position\ du\ j^{\grave{e}me}\ participant\ du\ i^{\grave{e}me}\ niveau \\ m_{i,j} = nombre\ de\ participants\ au\ i^{\grave{e}me}\ niveau\ sous\ le\ j^{\grave{e}me}\ participant \\ n_{i,j} = Investissement\ initial\ du\ j^{\grave{e}me}\ participant\ du\ i^{\grave{e}me}\ niveau \\ g_{i,j} = Gain\ du\ j^{\grave{e}me}\ participant\ du\ i^{\grave{e}me}\ niveau \\ G = gains\ totaux\ r\acute{e}colt\acute{e}s\ par\ toute\ la\ pyramide \end{array} \right. \tag{9}$$

Pour simplifier, on considère que le nombre de participants recrutés par chaque participant est constant, et que l'investissement initial de chaque participant est le même pour tous. Soit :

$$\left\{ \begin{array}{c} m_{i,j} = b \\ n_{i,j} = v \end{array} \right.$$

De plus, on impose le principe suivant : tout ce que l'on récolte doit être repartagé. Soit :

$$G = \sum_{i=1}^{n} \sum_{j=1}^{b^{i-1}} n_{i,j} = \sum_{i=1}^{n} \sum_{j=1}^{b^{i-1}} g_{i,j} \tag{10}$$

Attention, si le nombre de participants recrutés b n'est pas constant à chaque branche (ou nœuds) de niveau de la pyramide (ou de l'arbre), alors les sommes ci-dessus doivent être ajustées en conséquence mais le principe reste le même. De plus, comme l'investissement initial de chacun des participants $n_{i,j}$ est identique à v, on a alors :

$$G = \sum_{i=1}^{n} \sum_{j=1}^{b^{i-1}} v = v \sum_{i=1}^{n} b^{i-1} = v \sum_{i=0}^{n-1} b^{i} = \frac{b^{n}-1}{b-1} v = (1 + b + b^2 + \cdots + b^{n-1}) v$$

D'où :

$$\frac{b^{n}-1}{b-1} v = \sum_{i=1}^{n} \sum_{j=1}^{b^{i-1}} g_{i,j} \tag{11}$$

Enfin, chaque participant gagne autant que chacun des autres participants de même niveau.

Soit :

$$g_{i,j} = g_{i,k} \; \forall i \neq k \; avec \; j,k \in [1; 2^{i-1}] \tag{12}$$

Le gain par participant est calculé de la manière suivante. Chaque participant récupère une portion v/b des participants qu'il a recrutés, et v/b^2 des participants recrutés par les participants qu'il a recrutés, et v/b^3 des participants recrutés par les participants recrutés par les participants qu'il a recrutés, etc. Soit :

$$g_{i,j} = \begin{cases} \dfrac{1}{b^{i-1}} \displaystyle\sum_{u=1}^{n-i} \dfrac{b^{u+i-1}}{b^u} v = v \displaystyle\sum_{u=1}^{n-i} 1 = (n-i)v \; si \; 1 \leq i < n \\[4mm] g_{n,j} = \dfrac{1}{b^{n-1}} \displaystyle\sum_{j=1}^{b^{n-1}} g_{n,j} = \dfrac{(b-2)b^n + (n-1)b - n + 2}{b^{n-1}(b-1)^2} v \; si \; i = n \end{cases} \tag{13}$$

Car :

$$\frac{b^n - 1}{b-1} v = \sum_{i=1}^{n} \sum_{j=1}^{b^{i-1}} g_{i,j} = \sum_{i=1}^{n-1} \sum_{j=1}^{b^{i-1}} g_{i,j} + \sum_{j=1}^{b^{n-1}} g_{n,j} = \sum_{i=1}^{n-1} \sum_{j=1}^{b^{i-1}} (n-i)v + \sum_{j=1}^{b^{n-1}} g_{n,j}$$

$$= \sum_{i=1}^{n-1} b^{i-1}(n-i)v + \sum_{j=1}^{b^{n-1}} g_{n,j} = -v \sum_{i=1}^{n-1} i b^{i-1} + nv \sum_{i=1}^{n-1} b^{i-1} + \sum_{j=1}^{b^{n-1}} g_{n,j}$$

$$= -v \sum_{i=1}^{n-1} \frac{d}{db}(b^i) + nv \sum_{i=0}^{n-2} b^i + \sum_{j=1}^{b^{n-1}} g_{n,j} = -v \frac{d}{db}\left(\sum_{i=1}^{n-1} b^i\right) + nv \frac{1 - b^{n-1}}{1-b} + \sum_{j=1}^{b^{n-1}} g_{n,j}$$

$$= \left(-\frac{d}{db}\left(\frac{b - b^n}{1-b}\right) + \frac{b^{n-1} - 1}{b-1} n\right)v + \sum_{j=1}^{b^{n-1}} g_{n,j}$$

$$= \left(-\frac{(1 - nb^{n-1})(1-b) + (1 - b^{n-1})b}{(1-b)^2} + \frac{b^{n-1} - 1}{b-1} n\right)v + \sum_{j=1}^{b^{n-1}} g_{n,j}$$

D'où :

$$\sum_{j=1}^{b^{n-1}} g_{n,j} = \frac{(b-2)b^n + (n-1)b - n + 2}{(b-1)^2} v$$

Et donc :

$$g_{n,j} = \frac{1}{b^{n-1}} \sum_{j=1}^{b^{n-1}} g_{n,j} = \frac{(b-2)b^n + (n-1)b - n + 2}{b^{n-1}(b-1)^2} v$$

Et en particulier, si chaque participant en recrute 2 autres, on obtient :

$$b = 2 \rightarrow g_{i,j} = \begin{cases} (n-i)v \ si \ 1 \leq i < n \\ g_{n,j} = \dfrac{n}{2^{n-1}} v \ si \ i = n \end{cases} \tag{14}$$

L'étude des limites nous renseigne sur :

$$\lim_{b \to +\infty} g_{n,j} = v \tag{15}$$

Ce qui signifie que si chaque participant recrute énormément de participants et ainsi de suite, alors les participants au dernier niveau ne perdront pas leur mise mais n'en gagneront pas non plus. C'est la limite. Pour obtenir cela il faut une infinité de participants par niveau. Ce qui n'est pas possible en réalité. Ainsi, quoi qu'il arrive, les participants au dernier niveau perdent d'autant plus qu'ils sont moins nombreux par niveau. On a, par exemple avec :

$$b = 2 \rightarrow g_{n,j} = \frac{n}{2^{n-1}} v \ll v \ si \ n > 2$$

$$b = 3 \rightarrow g_{n,j} = \left(\frac{3}{4} + \frac{1}{3^{n-1}2} \left(n - \frac{1}{2} \right) \right) v < v \ si \ n > 2$$

$$b = 10 \rightarrow g_{n,j} = \left(\frac{80}{81} + \frac{1}{10^{n-1}9} \left(n - \frac{8}{9} \right) \right) v \approx v$$

De plus :

$$\lim_{n \to +\infty} g_{n,j} = \frac{b-2}{(b-1)^2} bv \tag{16}$$

Ainsi, si le nombre de niveaux est immense, les participants au dernier niveau récoltent le minimum possible. Par exemple avec un nombre de niveaux immense, on a :

$$b = 2 \rightarrow g_{n,j} \approx 0 \ll v$$

$$b = 3 \rightarrow g_{n,j} \approx \frac{3}{4} v < v \ si \ n > 2$$

$$b = 10 \rightarrow g_{n,j} \approx \frac{80}{81} v \approx v$$

Si bien que la pyramide la plus optimale pour les derniers participants semble être une pyramide aplatie. C'est-à-dire avec beaucoup de recrutement par niveau et peu de niveaux.

Voici pour illustrer ces équations un autre exemple avec :

$$n = 3 \ et \ b = 2 \rightarrow (1 + 2 + 4)v = \sum_{j=1}^{1} g_{1,j} + \sum_{j=1}^{2} g_{2,j} + \sum_{j=1}^{4} g_{3,j}$$

Soit :

$$7v = g_{1,1} + \left(g_{2,1} + g_{2,2}\right) + \left(g_{3,1} + g_{3,2} + g_{3,3} + g_{3,4}\right)$$

$$= 1\left(2\frac{v}{2} + 4\frac{v}{4}\right) + 2\left(4\frac{v}{4}\right) + 4\left(\frac{3v}{4}\right)$$

Avec :

$$\begin{cases} g_{1,1} = 2v \\ g_{2,1} = g_{2,2} = v \\ g_{3,1} = g_{3,2} = g_{3,3} = g_{3,4} = \frac{3}{4}v \end{cases}$$

Autre exemple, avec :

$$\begin{cases} b = 2 \\ n = 5 \\ v = 1 \end{cases} \rightarrow \begin{cases} g_{1,j} = \frac{4}{1} \\ g_{2,j} = \frac{6}{2} = 3 \\ g_{3,j} = \frac{8}{4} = 2 \\ g_{4,j} = \frac{8}{8} = 1 \\ g_{5,j} = \frac{5}{16} \end{cases}$$

L'équation (14) indique que chaque participant du niveau n récolte la moitié des investissements des participants du niveau $n - 1$, le quart de ceux du niveau $n - 2$, le huitième du niveau $n - 3$, etc. Si bien que plus le participant est haut placé dans la pyramide, plus il récolte des bénéfices. Et inversement, plus le participant se trouve en bas de la pyramide, plus il récolte peu de bénéfice, le poussant à recruter de niveaux participants au niveau en dessous du sien pour espérer gagner quelque chose.

Visuellement, on représente cela ci-dessous par exemple avec 4 niveaux de 2 parrainages par participant. L'investissement est identique pour tous à 1€. On a alors la pyramide suivante :

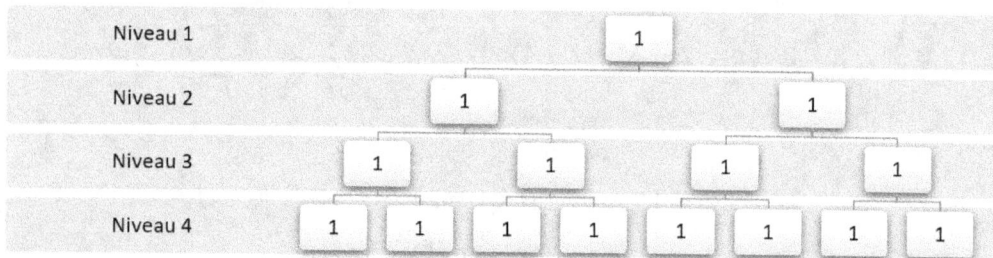

Le retour sur investissement par participant selon sa position dans la pyramide est donc de :

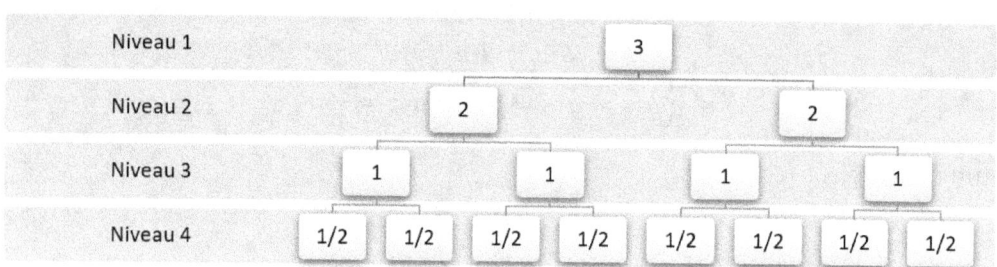

Ce qui représente les gains suivants par participant selon leur niveau :

Niveau	Nombre de participants	Gain	%Gain	%Total
1	1	2	200%	20,00%
2	2	1	100%	13,33%
3	4	0	0%	6,67%
4	8	$-\dfrac{1}{2}$	−50%	2,50%
Total	15	.	.	.

On remarque que plus on est haut dans la pyramide (niveau supérieur), plus les gains sont importants vis-à-vis des autres participants et de la somme total versée.

Ici, le participant au sommet de la pyramide (niveau 1) récolte 20% soit 1/5 du total des sommes versées par l'ensemble des participants. En revanche, tous les participants du dernier niveau (niveau 4) perdent la moitié de leur investissement initial. Ils sont condamnés à trouver ou recruter de nouveaux participants au prochain niveau (niveau 5) pour espérer récolter un gain sur leur investissement.

On peut voir également ce mode de rémunération en sommant les diagonales montantes des demi-valeurs. C'est-à-dire :

Niveau	#Part.	Gain niv. 2	Gain niv. 3	Gain niv. 4	Total	Total par part.
1	1	$\frac{2}{2}$	$\frac{4}{4}$	$\frac{8}{8}$	3	$\frac{3}{1} = 3$
2	2	$\frac{4}{2}$	$\frac{8}{4}$	.	4	$\frac{4}{2} = 2$
3	4	$\frac{8}{2}$	.	.	4	$\frac{4}{4} = 1$
4	8	$\frac{8^*}{2}$	.	.	4	$\frac{4}{8} = \frac{1}{2}$
Total	15	11	3	1	15	.

*correspond au reste de l'investissement du dernier niveau.

Chaque flèches divise par deux la valeur initiale à la finale dans le sens de la flèche. Ainsi, chaque participant du niveau n récolte la moitié de l'investissement de tous les participants du niveau $n-1$, le quart de ceux du niveau $n-2$, etc. ainsi, si on reprend notre équation (14) appliquée à cet exemple, on a :

$$\begin{cases} n_{i,j} = 1 \\ n = 4 \\ m_{u,j} = 2 \end{cases} \rightarrow g_{i,j} = \begin{cases} 4 - i \; si \; i < 4 \\ \dfrac{1}{2} \; si \; i = 4 \end{cases} \rightarrow \begin{cases} g_{1,j} = 3 \\ g_{2,j} = 2 \\ g_{3,j} = 1 \\ g_{4,j} = \dfrac{1}{2} \end{cases}$$

Et on a bien un repartage des investissements sans perte. Soit :

$$\sum_{i=1}^{n} \sum_{j=1}^{2^{i-1}} g_{i,j} = 1(3) + 2(2) + 4(1) + 8\left(\frac{1}{2}\right) = 3 + 4 + 4 + 4 = 15$$

$$= \sum_{i=1}^{n} \sum_{j=1}^{2^{i-1}} n_{i,j} = \sum_{i=1}^{n} \sum_{j=1}^{2^{i-1}} 1 = \sum_{i=1}^{n} 2^{i-1} = \sum_{i=0}^{n-1} 2^{i} = \frac{1-2^{n}}{1-2} = 2^{n} - 1 = 2^{4} - 1 = 15$$

Tout cela exposé et expliqué, on va finir cette étude par le calcul des gains par niveau et par participant vis-à-vis du total des sommes engagées dans la pyramide. Soit :

$$\%Gain : \frac{g_{i,j}}{v} - 1 = \begin{cases} n-i-1 \geq 0\% \ si \ 1 \leq i < n \\ \frac{g_{n,j}}{v} - 1 = -\frac{1}{(b-1)^2}\left(1 - \frac{(n-1)b - n + 2}{b^{n-1}}\right) < 0\% \ si \ i = n \end{cases} \quad (17)$$

Le gain vis-à-vis l'investissement de départ de chaque participant est donc :

- Positif si le participant ne se trouve pas dans les deux derniers niveaux ;
- Nul si le participant se trouve à l'avant dernier niveau ;
- Négatif si le participant se situe au dernier niveau.

Et en particulier :

$$\%Gain \ si \ b = 2 : \frac{g_{i,j}}{v} - 1 = \begin{cases} n-i-1 \geq 0\% \ si \ 1 \leq i < n \\ \frac{g_{n,j}}{v} - 1 = -1 + \frac{n}{2^{n-1}} < 0\% \ si \ i = n \end{cases} \quad (18)$$

Ainsi, seuls les deux derniers niveaux sont perdants ou à gain nul. Par exemple avec :

$$n = 5 \ et \ b = 2 \rightarrow$$

i	1	2	3	4	5
%Gain	300%	200%	100%	0%	$\frac{5}{16} = 31,25\%$

Ici, le participant au 1er niveau gagne 3 fois plus que son investissement, les 2 au 2nd niveau 2 fois plus, les 4 au 3ième niveau 1 fois plus, les 8 au 4ième niveau conservent leur mise et les 16 au 5ième et dernier niveau perdent plus des 2/3 (68,75%) de leurs mises. De plus :

$$\%Total : \frac{g_{i,j}}{Total \ investi} = \frac{g_{i,j}}{\sum_{i=1}^{n} \sum_{j=1}^{b^{i-1}} n_{i,j}} = \frac{g_{i,j}}{\frac{b^n - 1}{b - 1}v}$$

Soit :

$$\%Total : \frac{g_{i,j}}{Total \ investi} = \begin{cases} \frac{(n-i)(b-1)}{b^n - 1} \ si \ 1 \leq i < n \\ \frac{1}{b^{n-1}}\left(1 - \frac{1}{b-1} + \frac{n}{b^n - 1}\right) \ si \ i = n \end{cases} \quad (19)$$

Sachant qu'un investissement par participant représente vis-à-vis du total investi dans la pyramide :

$$\frac{v}{Total\ investi} = \frac{v}{\sum_{i=1}^{n}\sum_{j=1}^{b^{i-1}} n_{i,j}} = \frac{v}{\frac{b^n-1}{b-1}v} = \frac{b-1}{b^n-1} \tag{20}$$

Et en particulier :

$$\%Total\ si\ b = 2 : \frac{g_{i,j}}{Total\ investi} = \begin{cases} \dfrac{n-i}{2^n-1} & si\ 1 \le i < n \\[2mm] \dfrac{n}{2^{n-1}(2^n-1)} & si\ i = n \end{cases}$$

$$Et\ \frac{v}{Total\ investi} = \frac{1}{2^n-1} \tag{21}$$

On remarque avec les trois équations précédentes qu'on a bien les premiers niveaux qui raflent une grande partie des investissements de toute la pyramide. Par exemple :

i	1	2	3	4	5
$n = 5\ et\ b = 2 \rightarrow \%Total$	$\frac{4}{31}$	$\frac{3}{31}$	$\frac{2}{31}$	$\frac{1}{31}$	$\frac{5}{16 \times 31}$
	—	12,9%	9,7%	6,4%	3,2%	1,0%

Et :

$$\frac{v}{Total\ investi} = \frac{1}{31} = 3,2\%$$

Ici, le participant au 1er niveau prend plus 1/8 du total des investissements, les deux au 2nd niveau prennent chacun près de 10% du total. Les 8 participants au 4ième niveau empoche leur mise (3,2%) et le dernier niveau perds de l'argent. D'ailleurs, le gain d'un niveau vis-à-vis du suivant vaut :

$$\frac{g_{i,j}}{g_{i+1,j}} - 1 = \begin{cases} \dfrac{\frac{(n-i)v}{(n-i-1)v} - 1 = \dfrac{1}{n-i-1}}{} & si\ 1 \le i < n-2 \\[3mm] \dfrac{b^{n-1}(b-1)^2 - (b-2)(b^n-1) - n(b-1)}{(b-2)(b^n-1) + n(b-1)} & si\ i = n-1 \end{cases} \tag{22}$$

Et en particulier :

$$b = 2 \rightarrow \frac{g_{i,j}}{g_{i+1,j}} - 1 = \begin{cases} \dfrac{1}{n-i-1} & si\ 1 \leq i < n-2 \\ \dfrac{2^{n-1}}{n} - 1 & si\ i = n-1 \end{cases} \tag{23}$$

Par exemple :

$n = 5\ et\ b = 2 \rightarrow \dfrac{g_{i,j}}{g_{i+1,j}} - 1$	i	1	2	3	4
		$\dfrac{1}{3}$	$\dfrac{1}{2}$	$\dfrac{1}{1}$	$\dfrac{11}{5}$
	$-$	$+33,3\%$	$+50\%$	$+100\%$	$+220\%$

Ici, le participant du 1er niveau gagne 33% de plus que chacun des 2 du 2nd niveau. Les 2 du 2nd niveau gagnent chacun 50% de plus que chacun des 4 du 3ième niveau. Les 4 du 3ième niveau gagnent chacun 100% de plus que chacun des 8 du 4ième niveau. Les 8 du 4ième niveau gagnent chacun 220% de plus que chacun des 16 du 5ième niveau.

Ceci clôt notre étude sur les ventes pyramidales et ses risques.

4. Vente multiniveau (MLM)

La vente multiniveau ou MLM en anglais pour Mulit-Level Marketing, à l'instar des systèmes présentés précédemment, est totalement légale et autorisée dans le monde entier. Elle fonctionne donc différemment des autres modèles.

Wikipédia nous renseigne sur le fait que « Le MLM a pour but de vendre des produits existants via des revendeurs identifiés, alors que la vente pyramidale a pour but de recruter des membres qui « investissent » dans un système. La distinction est parfois difficile à faire ».

La vente multiniveau est une structure dans laquelle les revendeurs peuvent parrainer de nouveaux vendeurs, et être alors en partie rémunérés par une commission évaluée en pourcentage sur les ventes des recrues. La vente multiniveau élimine les coûts liés au recrutement et à la formation mais aussi les dépenses de publicité en lui substituant le bouche à oreille. C'est un modèle classique car selon que le vendeur rapporte un petit ou grand chiffre d'affaires à son revendeur, il touche le fruit de son travail défalqué d'une commission raisonnable à son revendeur. Rien de choquant ou de bancale dans ce fonctionnement. De plus l'argent récolté est issu de ventes réelles de produits ou services. Il n'y a donc pas ou peu de rapport avec les ventes pyramidales même si on peut les confondre dans certains montages de MLM ou les parrainages de vendeurs s'apparentent à une pyramide. Nul besoin ici de modélisation mathématique. Ce système est on ne peut plus clair.

5. Conclusion

Chaine de Ponzi, vente pyramidale ou MLM, il existe pléthore de systèmes de parrainage ou de commission multiniveaux. Ces modèles sont en général mal connus du grand public car parfois flous ou complexes. El fait est, que vous risquez d'être au moins un jour confronter à vous lancer soit dans sa création pour votre activité soit dans un investissement pour votre épargne sans en comprendre totalement tous les tenants et aboutissants. C'est pourquoi ce livre vous présente les principes de fonctionnements de ces systèmes financiers parfois illégaux et dangereux. Leurs modélisations mathématiques éclairent davantage sur leurs modes opératoires, leurs avantages et leurs inconvénients. Vous savez maintenant de quoi il en retourne et comment les repérer parmi différentes offres.

6. Références

Voici quelques références sur ces sujets :

Chaine de Ponzi

- fr.wikipedia.org/wiki/Syst%C3%A8me_de_Ponzi
- journaldunet.fr/patrimoine/guide-des-finances-personnelles/1504541-pyramide-de-ponzi-definition-et-fonctionnement
- dailymotion.com/video/x1jupez
- youtube.com/watch?v=brGs3MMrpYA

Vente pyramidale

- fr.wikipedia.org/wiki/Vente_pyramidale
- lafinancepourtous.com/decryptages/marches-financiers/fonctionnement-du-marche/systeme-de-vente-pyramidale

MLM : Multi-Level Marketing

- fr.wikipedia.org/wiki/Vente_multiniveau
- join-iad.com/blog/le-mlm-est-il-interdit-en-france
- journaldunet.fr/business/dictionnaire-du-marketing/1197995-mlm-vente-multi-niveaux-definition-et-dangers

7. Annexes

On présente ici les colonnes masquées des six tableaux déjà présentés pour la compréhension des calculs et équations décrites précédemment.

Tableau 1 : rendement x2 et participants tous payés à 90 jours.

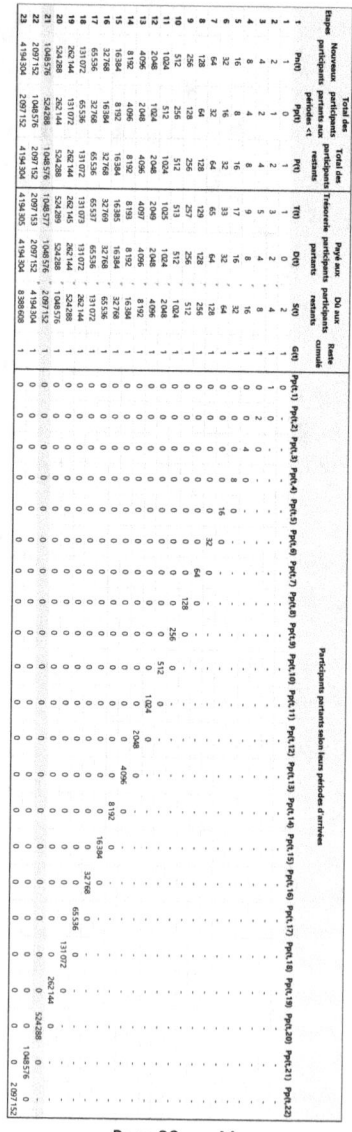

Tableau 2 : rendement x1,1 et participants tous payés à 90 jours.

Etapes (t)	Nouveaux participants partants aux périodes <1 — Pn(t)	Total des participants partants restants — Pp(t)	Total des participants restants — Pt(t)	Trésorerie — Tr(t)	Payé aux participants partants — D0(t)	Dû aux participants restants — S(t)	Reste cumulé — G(t)	Ppt(1)	Ppt(2)	Ppt(3)	Ppt(4)	Ppt(5)	Ppt(6)	Ppt(7)	Ppt(8)	Ppt(9)	Ppt(10)	Ppt(11)	Ppt(12)	Ppt(13)	Ppt(14)	Ppt(15)	Ppt(16)	Ppt(17)	Ppt(18)	Ppt(19)	Ppt(20)	Ppt(21)	Ppt(22)
1	1	0	1	1	0	1	1	–	–	–	–	–	–	–	–	–	–	–	–	–	–	–	–	–	–	–	–	–	–
2	2	1	2	3	1	2	2	1	–	–	–	–	–	–	–	–	–	–	–	–	–	–	–	–	–	–	–	–	–
3	4	2	4	6	2	4	4	0	2	–	–	–	–	–	–	–	–	–	–	–	–	–	–	–	–	–	–	–	–
4	8	4	8	12	4	9	8	0	0	4	–	–	–	–	–	–	–	–	–	–	–	–	–	–	–	–	–	–	–
5	16	8	16	24	9	18	15	0	0	0	8	–	–	–	–	–	–	–	–	–	–	–	–	–	–	–	–	–	–
6	32	16	32	47	18	35	29	0	0	0	0	16	–	–	–	–	–	–	–	–	–	–	–	–	–	–	–	–	–
7	64	32	64	93	35	70	58	0	0	0	0	0	32	–	–	–	–	–	–	–	–	–	–	–	–	–	–	–	–
8	128	64	128	186	70	141	116	0	0	0	0	0	0	64	–	–	–	–	–	–	–	–	–	–	–	–	–	–	–
9	256	128	256	371	141	282	231	0	0	0	0	0	0	0	128	–	–	–	–	–	–	–	–	–	–	–	–	–	–
10	512	256	512	743	282	563	461	0	0	0	0	0	0	0	0	256	–	–	–	–	–	–	–	–	–	–	–	–	–
11	1024	512	1024	1485	563	1126	922	0	0	0	0	0	0	0	0	0	512	–	–	–	–	–	–	–	–	–	–	–	–
12	2048	1024	2048	2970	1126	2253	1844	0	0	0	0	0	0	0	0	0	0	1024	–	–	–	–	–	–	–	–	–	–	–
13	4096	2048	4096	5939	2253	4506	3687	0	0	0	0	0	0	0	0	0	0	0	2048	–	–	–	–	–	–	–	–	–	–
14	8192	4096	8192	11879	4506	9011	7373	0	0	0	0	0	0	0	0	0	0	0	0	4096	–	–	–	–	–	–	–	–	–
15	16384	8192	16384	23757	9011	18022	14746	0	0	0	0	0	0	0	0	0	0	0	0	0	8192	–	–	–	–	–	–	–	–
16	32768	16384	32768	47514	18022	36045	29492	0	0	0	0	0	0	0	0	0	0	0	0	0	0	16384	–	–	–	–	–	–	–
17	65536	32768	65536	95027	36045	72090	58983	0	0	0	0	0	0	0	0	0	0	0	0	0	0	0	32768	–	–	–	–	–	–
18	131072	65536	131072	190055	72090	144179	117965	0	0	0	0	0	0	0	0	0	0	0	0	0	0	0	0	65536	–	–	–	–	–
19	262144	131072	262144	380109	144179	288358	235930	0	0	0	0	0	0	0	0	0	0	0	0	0	0	0	0	0	131072	–	–	–	–
20	524288	262144	524288	760218	288358	576717	471860	0	0	0	0	0	0	0	0	0	0	0	0	0	0	0	0	0	0	262144	–	–	–
21	1048576	524288	1048576	1520435	576717	1153434	943719	0	0	0	0	0	0	0	0	0	0	0	0	0	0	0	0	0	0	0	524288	–	–
22	2097152	1048576	2097152	3040871	1153434	2306867	1887437	0	0	0	0	0	0	0	0	0	0	0	0	0	0	0	0	0	0	0	0	1048576	–
23	4194304	2097152	4194304	6081741	2306867	4613734	3774874	0	0	0	0	0	0	0	0	0	0	0	0	0	0	0	0	0	0	0	0	0	2097152

Tableau 3 : rendement x2 et 10% des participants quittent la chaîne chaque année (toutes les 4 périodes de 90 jours chacune).

Etapes	Nouveaux participants P(t)	Total des participants partants aux périodes <t Pp(t)	Total des participants restants Pr(t)	Trésorerie T(t)	Payé aux participants partants Dp(t)	Du aux participants restants S(t)	Reste cumulé G(t)	Participants partants selon leurs périodes d'arrivées Ppt.1) … Ppt.22)
1	1	0	1	1	0	8	1	0 … 0
2	2	0	3	7	0	24	3	0 … 0
3	4	0	7	15	0	64	7	0 … 0
4	8	1	15	31	0	128	15	1 … 0
5	16	1	30	47	16	288	31	
6	32	1	61	95	16	672	79	
7	64	1	124	207	16	1568	191	
8	128	2	251	447	32	3984	415	
9	256	4	505	927	304	7584	623	
10	512	7	1013	1647	352	16512	1295	
11	1024	14	2030	3343	912	36192	2879	
12	2048	27	4064	6975	1584	78752	6063	6
13	4096	54	8133	14255	7264	170720	12671	13
14	8192	109	16271	29055	10704	359080	21791	25
15	16384	219	32546	54539	21152	763488	43855	51
16	32768	437	65095	109391	38448	1615744	88239	102
17	65536	873	130194	219311	142432	3416736	180863	205
18	131072	1747	260393	443007	223696	7072896	300575	410
19	262144	3496	520790	824863	443296	14746976	601167	819
20	524288	6991	1041582	1649743	824880	30770512	1206447	1638
21	1048576	13980	2083167	3303599	1648760	63953568	2478719	3277
22	2097152	27960	4166339	6673023		132996224	5023263	6554 … 26214
23	4194304		8332683					

Tableau 4 : rendement x1,1 et 10% des participants quittent la chaîne chaque année (toutes les 4 périodes de 90 jours chacune).

Étapes t	Nouveaux participants Pn(t)	Total des participants partants aux périodes <t Pr(t)	Total des participants restants P(t)	Trésorerie T(t)	Payé aux participants partants D(t)	Dû aux participants restants S(t)	Reste cumulé G(t)	Ppt(t.1)	Ppt(t.2)	Ppt(t.3)	Ppt(t.4)	Ppt(t.5)	Ppt(t.6)	Ppt(t.7)	Ppt(t.8)	Ppt(t.9)	Ppt(t.10)	Ppt(t.11)	Ppt(t.12)	Ppt(t.13)	Ppt(t.14)	Ppt(t.15)	Ppt(t.16)	Ppt(t.17)	Ppt(t.18)	Ppt(t.19)	Ppt(t.20)	Ppt(t.21)	Ppt(t.22)
1	1	1	1	1	0	1	1																						
2	2	0	3	3	0	3	3																						
3	4	0	7	7	0	8	7																						
4	8	0	15	15	0	18	15																						
5	16	1	30	31	1	36	30	1																				
6	32	1	61	62	1	73	60		1																			
7	64	1	124	124	1	149	123			1																		
8	128	1	251	251	1	303	249				1																	
9	256	2	505	505	3	611	502					2																
10	512	4	1013	1014	7	1229	1008						3															
11	1024	7	2030	2032	11	2466	2021							6														
12	2048	14	4064	4069	21	4942	4048								13													
13	4096	27	8113	8144	41	9897	8103									25												
14	8192	54	16271	16295	81	19808	16214										51											
15	16384	109	32546	32598	165	39630	32482											102										
16	32768	219	65095	65200	331	79273	64869												205									
17	65536	437	130194	130405	660	158564	129745													410								
18	131072	873	260393	260817	1318	317150	259499														819							
19	262144	1747	520790	521643	2640	634319	519003															1638						
20	524288	3496	1041582	1043291	5283	1268657	1038008																3277					
21	1048576	6991	2083167	2086584	10565	2537338	2076022																	6554				
22	2097152	13980	4166339	4173174	21119	5074707	4152055																		13107			
23	4194304	27960	8332683	8346359	42239	10149450	8304120																			26214		

Tableau 5 : rendement x2 et 10% des participants quittent la chaîne chaque année (toutes les 4 périodes de 90 jours chacune) et le nombre de participants à chaque période ne double pas.

Étapes	Nouveaux participants partants aux périodes <t	Total des participants restants	Total des participants restants	Trésorerie participants partants	Payé aux participants restants	Dû aux participants restants	Reste cumulé	Participants partants selon leurs périodes d'arrivées																							
t	Pn(t)	Pp(t)	Pt(t)	Tt(t)	Dt(t)	S(t)	G(t)	Ppt.1)	Ppt.2)	Ppt.3)	Ppt.4)	Ppt.5)	Ppt.6)	Ppt.7)	Ppt.8)	Ppt.9)	Ppt.10)	Ppt.11)	Ppt.12)	Ppt.13)	Ppt.14)	Ppt.15)	Ppt.16)	Ppt.17)	Ppt.18)	Ppt.19)	Ppt.20)	Ppt.21)	Ppt.22)
1	10		10	10	0	20	1																							
2	15		15	16	0	70	38																							
3	22		25	16	0	184	161																							
4	33	0	47	38	0	434	3																							
5	49	1	80	71	16	934	104	1																					
6	73	2	128	120	16	1982	161		1																					
7	109	3	200	177	32	4118	238																							
8	163	5	307	270	48	8466	353																							
9	244	9	467	401	336	16748	3	1		2																				
10	366	13	705	597	624	32380	261																							
11	549	19	1062	627	688	65582	-136	1			3																			
12	823	30	1598	552	1024	130962	-337																							
13	1234	45	2402	687	5760	252872	-4663	1				3																		
14	1851	68	3606	897	6480	496486	-9492		1																					
15	2776	101	5412	-3012	974748	974748	-18604																							
16	4164	153	8120	-6776	11888	1922432	-32136			3			1	16															
17	6246	231	12183	-14440	17696	3669100	-120018								24														
18	9369	346	18276	-25890	94128	7012586	-282825		2				11			37													
19	14053	517	27414	-110649	172176	13663966	-463428	1			5						55												
20	21079	779	41121	-268772	194656	26790506	-732141					7	11	16	24	37	55	82											
21	31618	1166	61683	-442349	289792	50603960	-463428												123										
22	47427	1751	92522	-700523	1520144	97868502	-2220667													185	278	416	625	937	1405				
23	71140		138783	-2173240	1717136	189605532	-3890376																							
			208172	-3819236	3136976		-6956212	2	1	2	5	7	11	16	25	37	55	82	123	185	278	416	625	937	1405				

Tableau 6 : rendement x1,1 et 10% des participants quittent la chaîne chaque année (toutes les 4 périodes de 90 jours chacune) et le nombre de participants à chaque période ne double pas.

Etapes	Nouveaux participants Pn(t)	Total des participants partants aux périodes <t Pp(t)	Total des participants restants Pt(t)	Trésorerie Tr(t)	Payé aux participants partants Dt(t)	Dû aux participants restants S(t)	Reste cumulé G(t)	Ppt(1)	Ppt(2)	Ppt(3)	Ppt(4)	Ppt(5)	Ppt(6)	Ppt(7)	Ppt(8)	Ppt(9)	Ppt(10)	Ppt(11)	Ppt(12)	Ppt(13)	Ppt(14)	Ppt(15)	Ppt(16)	Ppt(17)	Ppt(18)	Ppt(19)	Ppt(20)	Ppt(21)	Ppt(22)
1	10	0	10	10	0	11	0	0	0	0	0	0	0	0	0	0	0	0	0	0	0	0	0	0	0	0	0	0	0
2	15	0	25	16	0	29	16	0	0	0	0	0	0	0	0	0	0	0	0	0	0	0	0	0	0	0	0	0	0
3	22	0	47	38	0	56	38	0	0	0	0	0	0	0	0	0	0	0	0	0	0	0	0	0	0	0	0	0	0
4	33	1	80	71	0	98	71	0	0	0	0	0	0	0	0	0	0	0	0	0	0	0	0	0	0	0	0	0	0
5	49	1	128	120	1	160	119	1	0	0	0	0	0	0	0	0	0	0	0	0	0	0	0	0	0	0	0	0	0
6	73	2	200	192	1	254	190	0	2	0	0	0	0	0	0	0	0	0	0	0	0	0	0	0	0	0	0	0	0
7	109	3	307	299	3	396	296	0	0	2	0	0	0	0	0	0	0	0	0	0	0	0	0	0	0	0	0	0	0
8	163	3	467	459	4	610	455	0	0	0	3	0	0	0	0	0	0	0	0	0	0	0	0	0	0	0	0	0	0
9	244	6	705	699	9	929	689	1	0	0	0	5	0	0	0	0	0	0	0	0	0	0	0	0	0	0	0	0	0
10	366	9	1062	1055	15	1409	1041	0	2	0	0	0	7	0	0	0	0	0	0	0	0	0	0	0	0	0	0	0	0
11	549	13	1598	1590	20	2131	1569	0	0	2	0	0	0	11	0	0	0	0	0	0	0	0	0	0	0	0	0	0	0
12	823	19	2402	2392	30	3217	2363	0	0	0	3	0	0	0	16	0	0	0	0	0	0	0	0	0	0	0	0	0	0
13	1234	30	3606	3597	49	4842	3548	1	0	0	0	5	0	0	0	24	0	0	0	0	0	0	0	0	0	0	0	0	0
14	1851	45	5412	5399	72	7283	5326	0	2	0	0	0	7	0	0	0	37	0	0	0	0	0	0	0	0	0	0	0	0
15	2776	68	8120	8102	110	10943	7992	0	0	2	0	0	0	11	0	0	0	55	0	0	0	0	0	0	0	0	0	0	0
16	4164	101	12183	12156	164	16438	11992	0	0	0	3	0	0	0	16	0	0	0	82	0	0	0	0	0	0	0	0	0	0
17	6246	153	18276	18238	252	24675	17986	1	0	0	0	5	0	0	0	24	0	0	0	123	0	0	0	0	0	0	0	0	0
18	9369	231	27414	27355	381	37029	26974	0	2	0	0	0	7	0	0	0	37	0	0	0	185	0	0	0	0	0	0	0	0
19	14053	346	41121	41027	569	55565	40458	0	0	2	0	0	0	11	0	0	0	55	0	0	0	278	0	0	0	0	0	0	0
20	21079	517	61683	61537	849	83375	60688	0	0	0	3	0	0	0	16	0	0	0	82	0	0	0	416	0	0	0	0	0	0
21	31618	779	92522	92306	1287	125077	91020	1	0	0	0	5	0	0	0	24	0	0	0	123	0	0	0	625	0	0	0	0	0
22	47427	1166	138783	138447	1930	187642	136526	0	2	0	0	0	7	0	0	0	37	0	0	0	185	0	0	0	937	0	0	0
23	71140	1751	208172	207666	2890	281481	204777	0	0	2	0	0	0	11	0	0	0	55	0	0	0	278	0	0	0	1405	0	0

CHAINE DE PONZI, VENTE PYRAMIDALE ET MLM

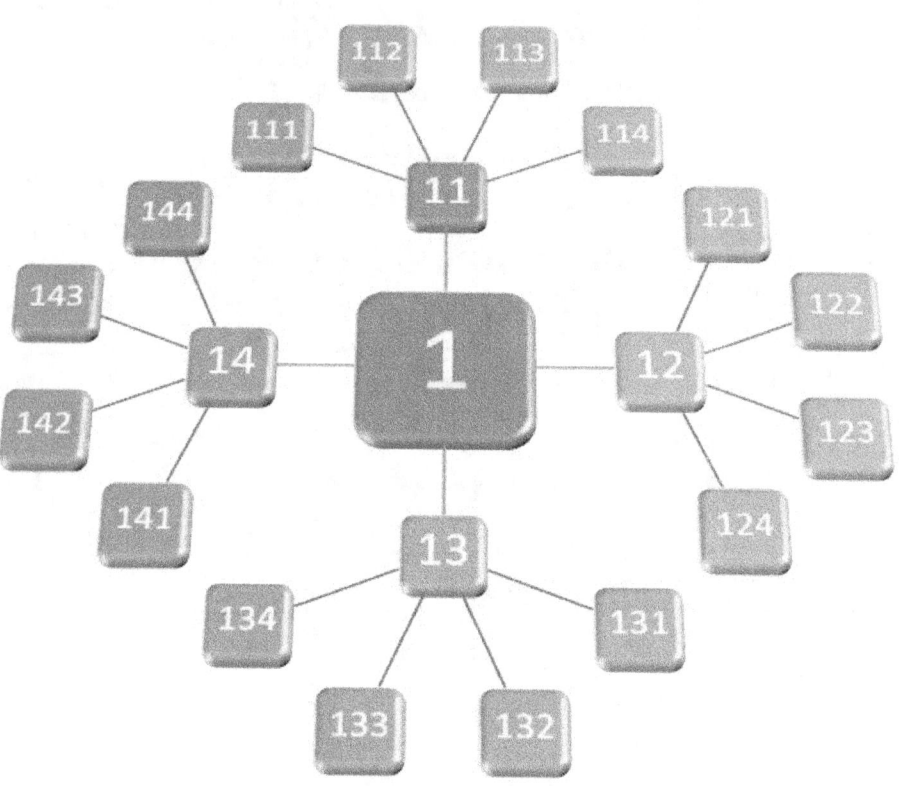